李映璇 易彦廷 韩斯 / 著

吴佳臻 / 绘　魏鹏琪 / 校

欢迎光临！

怪兽科学实验室

2
物质物理篇

漓江出版社

·桂林·

怪兽爱分享

皮亚杰认为，"基模"(Schema) 是学习者学习知识的基本架构，学习者会运用原有认知来处理接触到的外在新事物。也就是当学习者接收到新的讯息时，就从原先在记忆中的基模去抓取类似的讯息，此过程称为"基模处理过程"。另外，奥苏贝尔博士的有意义学习论提到，学习者在学习新知识时，会用自己既有的先备概念去联结新概念，借由老师的引导，产生所谓有意义的学习。因此在学习新知识之前，我们主张教师可以将新知识的重点提出，并与学生原有的背景知识结合，以进行有效学习。所以进行"有意义学习"，借由生活中所接触的事物，在学习者进入学校学习之前的建立基模或累积旧经验，将有助于他们自然科学领域的学习。

这套书各有十项实验，通过精美绘图以及详细的操作步骤，带领孩子动手做实验。另有"韩斯老师TALK"延伸与补充原有知识，更特别的是，本书借由怪兽解密介绍实验之科学原理，让学习者知道未来要连接学校自然科学相关的单元，帮助他们建立所学的基模，累积经验。

　　每项实验，几乎都是利用生活中容易取得的材料，例如使用 22 根以上的小木条，不需要使用钉子、绳子来固定，就能建造出木拱桥。这样的实验，不但够惊奇，还能展现力矩平衡的作用。五百多年前，达·芬奇就设计了 240 米长的木拱桥，被称为"达·芬奇桥"。一连串相关知识层层堆栈，让学习不仅有趣，也更为扎实。又例如，利用牛奶、醋和小苏打这一类常见材料，便能做出具有黏性的牛奶胶水，是不是很神奇呢？每项实验都非常有意思，等待读者们来一一发掘。

　　这是一套具有跨领域学习特点的科普书，既有精美插画、历史故事，又有实作体验、工程设计与科学探究等，而跨领域学习是现在教育所强调的学习核心；同时这也是一本能够指导孩子在家做实验的书，在此向大家推荐！

台北市立大学应用物理暨化学系教授兼系主任 **古建国**

专家也爱看！

怪兽来提点

使用说明

非常有趣的科普书，精选十项重要又有趣的实验，由浅入深，逐渐打造全方位科学脑！跟着使用说明这样读，必定能发现科学的奥妙，体会科学的乐趣！

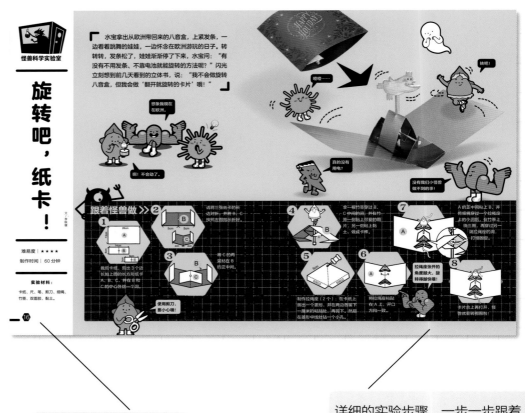

实验材料容易取得，在家就能做实验。

详细的实验步骤，一步一步跟着做，成功率百分之百！

惊奇现象背后的科学原理，一次全揭露！

人气爆棚的韩斯老师，补充相关科普知识，立即提升科学素养！

怪兽解密 >>

为什么实验中的卡片，没有装电池也不用发条，只要开合卡片就能旋转呢？原来是利用纸张开合的力量牵动细绳，再由细绳带动转轴，制造出神奇的旋转效果！

这个卡片的构造看起来复杂，但将拉绳座和转轴拆开来看，就比较容易理解了。首先，我们来看看拉绳座，我们在实验中，特别让这个拉绳座张开一个角度，这样当卡片打开合起来时，拉绳座也会跟着变形，进而对细绳产生一股拉力。

接着，我们来观察转轴。先在旋转轴上缠绕细绳，两手抓住细绳的一端。这时，如果两手同时用力往反方向拉，你会发现不论拉得多卖力，转轴还是一动也不动，但如果一手拉、一手放，即使只用非常微小的力量，转轴也会立刻快速旋转起来。

综合上述两点，当卡片上的拉绳座方向一致时，打开卡片，细绳一端被拉扯，一端被放松，转轴自然就会跟着转动。

❶ 静止

❷ 转动

怪兽创意

只要改变转轴的方向，就能运用相同原理，做出不同形式的旋转卡片哦！例如：在卡片中央，利用两层纸做两个小支架，架起细竹签，并在竹签上贴上螺旋桨、绕上细绳，最后将绳子的两头固定在卡片的同一侧，这样每次打开卡片，就能转动螺旋桨啦！

⑱

韩斯老师 TALK >>

物体所发出的光进入我们的眼睛，在视网膜上形成影像，通过视神经传达给大脑，随即产生视觉。当眼睛闭上或将物体移离视线时，大脑中的视觉不会立即消失，会因视神经的反应速度而造成影像残留，约 0.1 ~ 0.4 秒的极短时间，这就是人眼的"视觉暂留"现象。

早在宋代，周密的《武林旧事·卷二·灯品》就有记载："若沙戏影灯，马骑人物，旋转如飞。"这就是应用视觉暂留的"走马灯"。还有我们平常看到的电影、动画都是利用视觉暂留的原理。电影、动画片一般每秒有 24 张图片，当旧的影像消失，新的又补上来，每个画面之间有微小的变化，因为视觉暂留，看起来会感觉是一张张定格的图片，而是连贯起来有动感的影像，这就是大家平时所看到的动画原理。

花火节看到各种造型的烟花也是"视觉暂留"。其实，任一瞬间的烟花只是一个亮点，然而由于视觉暂留的特性，将前后的亮点联结起来，就可以看到光点的动线，爆发美丽的烟花。还有我们生活中的电视、计算机显示器屏幕，日光灯发出的光，实际上都是闪动的，不过闪动的频率很高，一秒闪动 100 次以上，正是因为"视觉暂留"，所以我们的眼睛不会感觉到光的闪动，反而会觉得持续发光。很神奇吧！

⑲

运用相同原理，发挥创意继续玩科学。

简单又明了！

怪兽科学实验室

怪兽来集合

力大王

力气、嗓门都很大，觉得世界很美好，任何事都能解决，虽然有时候只解决了一半。

水宝

天性爱幻想，关键时刻又会突然清醒，精打细算。最不喜欢自己软绵绵的身体，一心想变强。

空气鬼

如空气般存在，又像鬼魅般飘移，喜欢在大家逐渐忽略他时，展露调皮的一面。

电小子

个性冷静，喜欢读书做学问，习惯注意身边的细节，时常会有大发现。

闪光

个性温暖，有求必应，总能满足大家的期望，偶尔脑子会冒出古灵精怪的点子。

盐哥

不爱说话，边缘人指数很高，唯独对感兴趣的事，才会出个声，但也只讲一两句。

韩斯

新世纪科普达人，当有新的实验点子时，会拖周围的人一起做实验。以"科学探险家"自居的热血自然老师。

怪兽有内涵

仔细阅读，你也可以跟我一样有内涵！

怪兽保平安

做实验，观察神奇的变化，发现有趣的结果，常令人惊呼连连，沉浸在动手做的乐趣中。不过，在过程中，务必要小心谨慎，保持高度警觉性，如果不小心受伤了，甚至发生无法挽救的事故，那可就糟糕了。尤其小朋友，一定要在家中的陪同下进行实验，保证安全！让我们一起来遵守实验安全规范吧！

❶ 实验前，将长发及松散的衣服固定好，以免被仪器卡住造成危险。

❷ 依照实验需求，戴上护目镜和手套，保护眼睛及手部安全。

❸ 实验开始前后，以及离开实验室前，都应该把手洗干净。

❹ 进行实验时，应认真专心，严禁嬉笑怒骂。

❺ 实验室里有毒药品很多，不能在实验室里饮食。

❻ 避免独自一人在实验室里做危险的实验。

❼ 实验室里的药品，都要贴上标签，并注明名称及使用的日期。

❽ 实验室的出入口应保持畅通，不能堆放物品或垃圾。

怪兽酷工具

这些器材都很酷呢!

常用实验工具

做实验时,常会用到各式各样的器材。如果不熟悉这些器材的名称和用途,很容易在操作时手忙脚乱,不仅影响实验结果,严重的话,还可能酿成大祸。因此实验前,先了解器材的特点和正确用途,进行实验时,才能轻松选对合适的器材!

听说等一下要做的实验,这些几乎都用不到。

❶ 烧杯

用来配制溶液和较大量溶剂的反应容器,在常温或加热时使用。

❷ 酒精灯

用于加热,使用完后,必须用灯帽盖灭,不可用嘴吹熄。

那干吗还要认识它们?

❸ 锥形瓶

一般用于滴定实验中;也可用于一般实验,制取气体或作为反应容器。

❹ 石蕊试纸

有红色石蕊试纸和蓝色石蕊试纸两种,常用来测试溶液的酸碱性。

看看也不错啦！

❺ 滴管

用来吸取或添加少量液体。

❻ 量筒

用来测量液体的体积，不可用来加热或进行化学反应。

❼ 生物显微镜

用来观察生物切片、生物细胞等。

❽ 天平与砝码

用来测量物体质量。

我们的实验，主打的是"随手可得"的材料啊！

❾ 温度计

用来测量温度。

❿ 集气瓶

用于收集或储存少量气体。

那要开始了没？

神奇木拱桥

文／李映璇

连日大雨，小溪暴涨，阻断了采蘑菇的路。"那今天晚上的蘑菇晚会怎么办？"水宝惊慌地问。力大王则一脸轻松地说："别慌，我们搭一座桥，就可以过河了！"当大家七嘴八舌地讨论哪里买得到钢筋、钉子、水泥等材料时，力大王却神气地宣布："不需要那些材料！我们力家自创了一款简便的桥梁，不用钉子，只要几根木头就能搭建完成！力家兄弟，动手吧！"

下大雨啦！

别紧张，看我的！

难易度｜★★★

制作时间｜30 分钟

实验材料：

小木条 22 根以上。

1 将两根木条平行摆放 (B)；上面横压三根木条，接着在中间垂直摆放一根木条 (A)。

2 将右方最下层直木条 B 抬起，插入两根横木条，使横木条一头压在直木条 A 上，一头卡在 B 下。

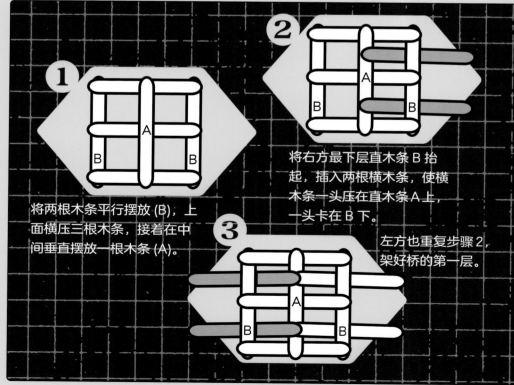

3 左方也重复步骤 2，架好桥的第一层。

这桥超坚固，大家快过河吧！

哇！力大王，你们真的太棒了！

太好了！晚上有蘑菇汤喝了。

古老家族流传下来的智慧，果然不简单。

4

好神奇！好像在"编织"木头哦！

在桥的左右两侧下方各放入直木条 C，再抬起，同之前的方法插入两根横木条，使横木条一头压在 B 上，另一头在 C 下卡住，架好桥的第二层。

5

继续在桥的左右两侧放入直木条 D，再抬起，同之前的方法插入两根横木条，使横木条一头压在 C 上，另一头在 D 下卡住，架好桥的第三层。（也可以继续挑战增加桥的长度）

6

尝试用手压或放上重物，观察造好的木拱桥是否坚固。

怪兽解密>>

为什么不用钉子、绳子固定，就能建造出木拱桥呢？这是五百多年前，达·芬奇所流传下来的智慧哟！当时，达·芬奇运用"力矩平衡"的原理，设计出了这个长 240 米的木拱桥，称为"达·芬奇桥"。

其实在日常生活中，我们到处都可看见拱形结构，例如隧道、拱门等。这些拱形结构，可以将重力分散，平均分配到整条拱形线上。而木拱桥不仅拥有拱形结构，能够分散承载重量的压力，而且木条之间也会互相卡住，形成力学平衡，因此不用任何钉子固定，就能稳定桥身。

Wikipedia

达·芬奇手稿

刚搭的桥，结构跟达·芬奇的手稿一样啊！

怪兽创意>>

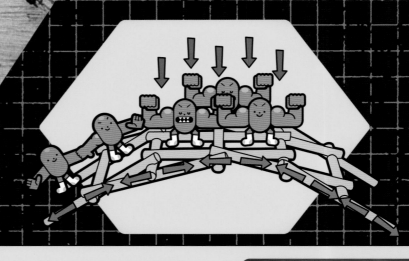

看到大家佩服的眼光，力大王忍不住又秀了一段魔术。他请大家在地板上铺一块地毯，将刚刚剩余的木条交织、重叠，并拆掉最后一根木条；然后，哇，木条瞬间"爆炸"啦！

木条越薄，越容易成功哦！

韩斯老师 TALK >>

拱形结构真是很了不起的发明！从古老神秘的英国巨石阵可以观察到，新石器时代的建筑观念是竖立一根根石柱，在上面跨架长横石柱，这也是希腊式建筑的基本概念。不过要找到完整又长的石柱做横梁很不容易，柱子能承受的重量有限，彼此不能间隔太远，不然横梁容易断裂。到了罗马时代，聪明的罗马人发明了类似现代水泥的混凝土，开启了划时代的建筑革命。不再需要又大又笨重的石材，混凝土就可以使建筑做更复杂化的设计。罗马人也发扬光大了拱形构造，创造出罗马式建筑的特色——拱券，券洞、拱顶、穹顶的创新设计将圆弧、圆球、圆拱这些曲线造型元素带进了建筑，使罗马式建筑丰富又华丽。2000 多年前罗马建造的万神殿，利用拱券设计出没有柱子的超大空间，穹顶的直径超过40 米，在之后 1500 年的时间中是世界最大的穹顶建筑，圆圆的台北小巨蛋也是利用同样的原理建造出来的。拱券造型在中国建筑中稍晚一点出现，始于西汉时期，用于墓室、拱桥，还有寺庙，中国至今还留存几座古寺无梁殿；1400 余年前建造出的赵州桥是世界上最早的敞肩式石拱桥，比欧洲早了 1200 多年呢！

这真是太神奇了！

旋转吧，纸卡！

文／李映璇

难易度｜★★★★

制作时间｜60分钟

实验材料：

卡纸、尺、笔、剪刀、细绳、竹签、双面胶、黏土。

水宝拿出从欧洲带回来的八音盒，上紧发条，一边看着跳舞的娃娃，一边怀念在欧洲游玩的日子。转转转，发条松了，娃娃渐渐停了下来，水宝问："有没有不用发条、不靠电池就能旋转的方法呢？"闪光立刻想到前几天看到的立体书，说："我不会做旋转八音盒，但我会做'翻开就旋转的卡片'哦！"

想象我现在在欧洲。

啊！不会动了。

跟着怪兽做 >> 2

1 裁剪卡纸，剪出3个边长如上图的长方形纸卡A、B、C，并在B和C的中心各挖一个洞。

26cm
13cm
A

14cm
4cm
B

8cm
3cm
C

2 请将三张纸卡的长边对折，并将B、C按照左图指示折好。

5cm 5cm
B

2cm 2cm
C

3 将C的两翼粘在B的正中间。

B
C

使用剪刀，要小心哦！

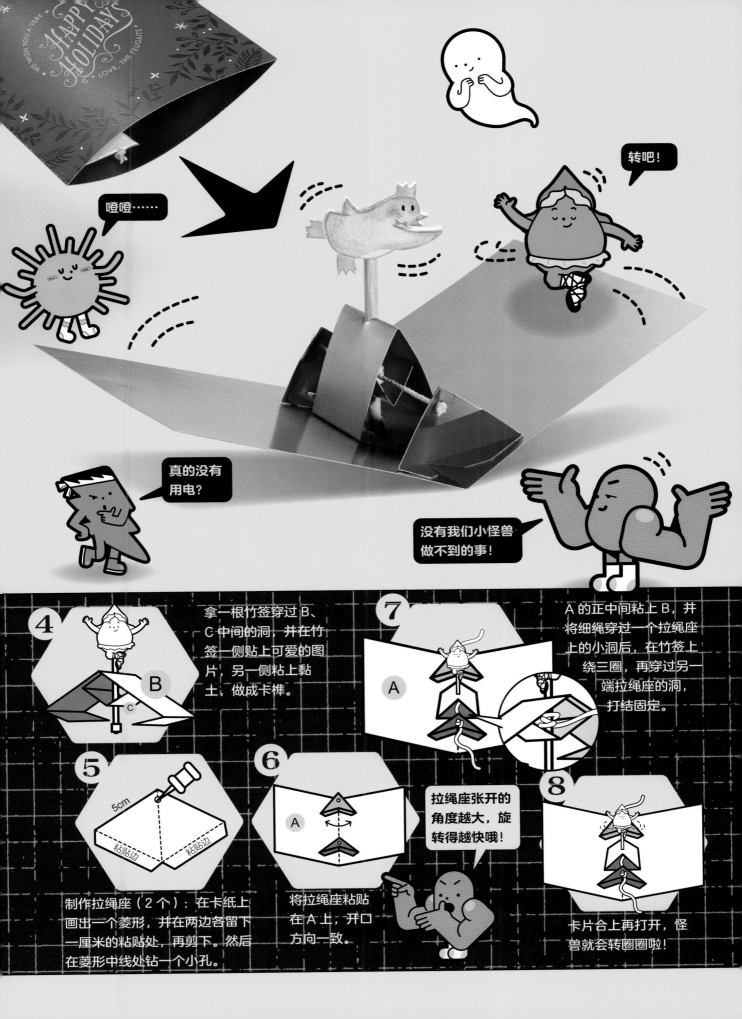

转吧！

噔噔……

真的没有用电？

没有我们小怪兽做不到的事！

④ 拿一根竹签穿过 B、C 中间的洞，并在竹签一侧贴上可爱的图片，另一侧粘上黏土，做成卡榫。

B

C

⑤ 制作拉绳座（2 个）：在卡纸上画出一个菱形，并在两边各留下一厘米的粘贴处，再剪下。然后在菱形中线处钻一个小孔。

5cm

粘贴边　粘贴边

⑥ 将拉绳座粘贴在 A 上，开口方向一致。

A

⑦ A 的正中间粘上 B，并将细绳穿过一个拉绳座上的小洞后，在竹签上绕三圈，再穿过另一端拉绳座的洞，打结固定。

A

拉绳座张开的角度越大，旋转得越快哦！

⑧ 卡片合上再打开，怪兽就会转圈圈啦！

怪兽解密 >>

为什么实验中的卡片，没有装电池也不用发条，只要开合卡片就能旋转呢？原来是利用纸张开合的力量牵动细绳，再由细绳带动转轴，制造出神奇的旋转效果！

这个卡片的构造看起来复杂，但将拉绳座和转轴拆开来看，就比较容易理解了。首先，我们看看拉绳座。我们在实验中，特别让这个拉绳座张开一个角度，这样当卡片打开跟合起来时，拉绳座也会跟着变形，进而对细绳产生一股拉力。接着，我们来观察转轴。先在旋转轴上缠绕细绳，两手各抓住细绳的一端。这时，如果两手同时用力往反方向拉，你会发现不论拉得多卖力，转轴还是一动也不动，但如果一手拉、一手放，即使只用非常微小的力量，转轴也会立刻快速旋转起来。

综合上述两点，当卡片上的拉绳座方向一致时，打开卡片，细线一端被拉扯、一端被放松，转轴自然就会跟着转动。

❶ 静止

❷ 转动

怪兽创意 >>

只要改变转轴的方向，就能运用相同原理，做出不同形式的旋转卡片哟！例如：在卡片中央，利用两层纸做两个支架，架起细竹签，并在竹签上贴上螺旋桨、绕上细绳，最后将绳子的两头固定在卡片的同一侧。这样每次打开卡片，就能转动螺旋桨啦！

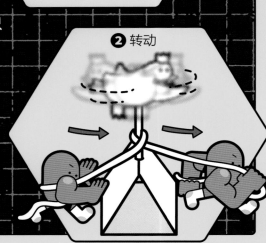

物体所发出的光进入我们的眼睛，在视网膜上形成影像，通过视神经传达给大脑，随即产生视觉。当眼睛闭上或将物体移离视线时，大脑中的视觉不会立即消失，会因视神经的反应速度而造成影像残留，约 0.1 ~ 0.4 秒的极短时间，这就是人眼的"视觉暂留"现象。

早在宋代，周密的《武林旧事·卷二·灯品》就有记载："若沙戏影灯，马骑人物，旋转如飞。"这就是应用视觉暂留的"走马灯"。还有我们平常看的电影、动画都是利用视觉暂留的原理。电影、动画片一般每秒有 24 张图片，当旧的影像消失，新的又补上来，每个画面之间有微小的变化，因为视觉暂留，看起来不会感觉是一张张定格的图片，而是连贯起来有动感的影像，这就是大家平时所看到的动画原理。

花火节看到各种造型的烟花也是"视觉暂留"。其实，任一瞬间的烟花只是一个亮点，然而由于视觉暂留的特性，将前后的亮点联结起来，就可以看到光点的动线，爆发美丽的烟花。还有我们生活中的电视、计算机显示器屏幕，日光灯发出的光，实际上都是闪动的，不过闪动的频率很高，一秒闪动 100 次以上，正是因为"视觉暂留"，所以我们的眼睛并不会感觉到光的闪动，反而会觉得持续发光。很神奇吧！

图画动起来！

文／李映璇

难易度｜★★

制作时间｜15 分钟

实验材料：

白板笔、油性马克笔、蓝色彩色笔、旧的瓷盘或玻璃盘、水。

闪光邀请怪兽们参观画展，但美术馆里实在是太安静了，调皮的空气鬼开始感到无聊。他趴在一幅"海底世界"的作品前，噘着嘴抱怨："唉，小鱼都被困在画里了，这比海水结冰更可怕啊……要是画面能动起来，不是更有趣吗？"

听到这句话，原本逛到快睡着的水宝，眼睛再次闪出光芒，他兴奋地拿出白板笔、油性马克笔和彩色笔，又掏出了一个光滑的大盘子，他要做什么呢？

唉，可以怎么做呢？

跟着怪兽做 >>

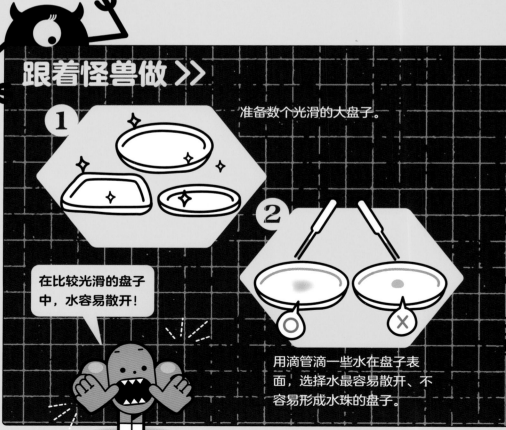

1 准备数个光滑的大盘子。

在比较光滑的盘子中，水容易散开！

2 用滴管滴一些水在盘子表面，选择水最容易散开、不容易形成水珠的盘子。

我照水宝的秘诀画好了!

看我的厉害!

哇!鱼儿真的动起来了!

咦?这是怎么回事?

3

在光滑的大盘子上,用油性马克笔画上石头和水草,再拿蓝色彩色笔画上水波纹。

6

4

用白板笔画出各种小鱼。

5

从盘子的边缘轻轻倒入清水。

吹一吹、轻轻晃一晃盘子,观察会发生什么事。

画就是要动起来才好玩!

★实验后,务必使用洗洁精、抹布,将盘子刷洗干净。

怪兽解密>>

　　盘子上的图画，会出现这么有趣的现象，是由于油性马克笔、白板笔、彩色笔三种笔的性质不同。油性马克笔和白板笔属于油性笔，而彩色笔是水性笔，所以遇水时，只有彩色笔的笔迹，会快速溶在水中并消失。

　　白板笔和油性马克笔虽然都不溶于水，却拥有不同的特性。白板笔画出来的图案，当颜料中的溶剂挥发后，图案会形成一层树脂薄膜；而颜料中的脱模剂，又可以避免树脂薄膜和盘子过度结合，因此水一冲下来，就会渗透到树脂薄膜和盘子之间，又轻又不溶于水的树脂薄膜，就会带着白板笔画的鱼离开盘子，漂浮在水上游动。

　　在盘子上用油性马克笔画图，因为油性马克笔的墨水对盘子的吸附力大，又不溶于水，所以水冲下来时，油性马克笔画的石头和水草都不会发生变化，也不会溶解哦！

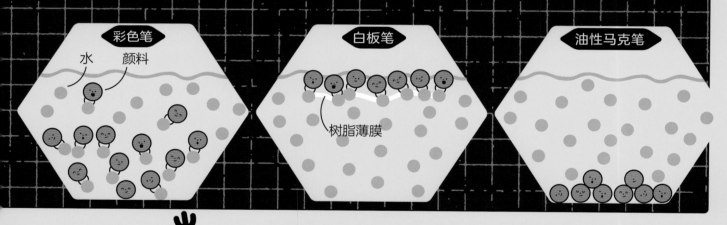

彩色笔　　　水　颜料
白板笔　　　树脂薄膜
油性马克笔

怪兽创意>>

　　漂在水上的小鱼薄膜，让空气鬼联想到了文身贴纸，但水宝说画笔的颜料中含有很多化学物质，不适合贴在皮肤上。爱画画的各位，可以试着把图案画在糯米纸上，放在皮肤上后洒点水，就能做出有个性的文身贴纸哦！

我也好想要！

韩斯老师 TALK >>

和"图画动起来"这个实验原理类似，不过步骤反过来，把浮在水上的图案转印到物体上面，就是"水转印"技术。

大家都有盖过图章吧？我们在盖可爱图章的时候，若是纸的背面凹凸不平，盖出来的图案就会缺一块。所以在印刷、转印的时候，都需要很平整的表面，印出来的图案才会均匀完整。而水转印技术最厉害的地方就是能够让图案服帖地覆盖在凹凸不平的曲面上。

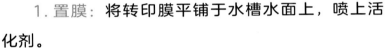

1. 置膜：将转印膜平铺于水槽水面上，喷上活化剂。

2. 转印：将物体以 40 度的角度，缓慢的速度，平均地压入水中转印膜上，要小心避免图膜和物体间产生气泡。我们会发现水压使得转印图膜顺着物体的表面包覆，完整地转印贴附到物品上。

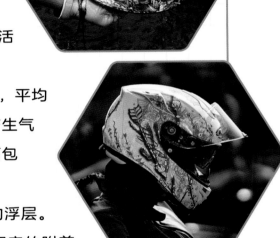

3. 整理：将物品取出，用清水轻轻洗去多余的浮层。

4. 干燥：晾干或低温烘干，去除水分，增强图案的附着度。

5. 保护：喷涂保护漆，增强图案对外在环境影响的抵抗力。生活中无所不在的水，真的很厉害对吧？原来利用水的压力和流动性，就能够把凹凸不平的小细节都填满！这种水转印技术常用在安全帽、轮毂、马克杯的转印。只要处理一下物品的表面，就可以转印在塑料、金属、陶瓷、木料、布料等不同材质的物品上，也可以转印在衣服上，做成水印 T 恤！

又软又硬的水

文／李映璇

难易度｜★ ★ ★

制作时间｜10 分钟

实验材料：

玉米粉 500 克、水 600 毫升、盆子 2 个、弹力球。

这一届怪兽躲避球大赛，由力大王率领的"给力队"拿下冠军奖杯。水宝输球后，难过地蹲坐在墙边，喃喃自语："我好想变强，可是不管我怎么努力，都无法让软绵绵的身体丢出强劲的球；接球时，也总是被打得'落花流水'，我到底该怎么做才能变强呢？"这时闪光捧着一袋玉米粉，露出神秘的微笑："想改变就要尝试新方法。你把这些玉米粉吃下去，变强吧！"

来改变性质吧！

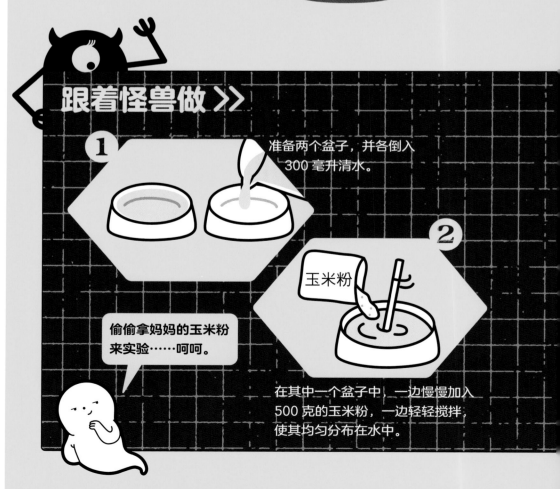

跟着怪兽做 >>

1 准备两个盆子，并各倒入 300 毫升清水。

偷偷拿妈妈的玉米粉来实验……呵呵。

2 玉米粉

在其中一个盆子中，一边慢慢加入 500 克的玉米粉，一边轻轻搅拌，使其均匀分布在水中。

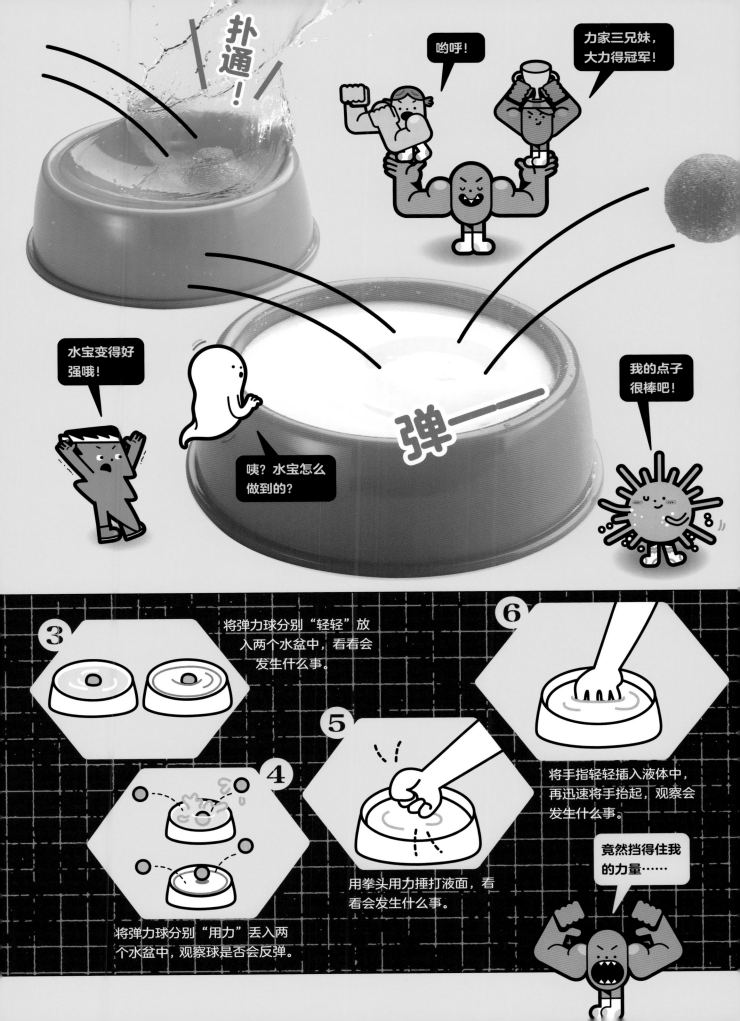

当玉米粉水溶液达到特定的浓度时（玉米粉和水的比例约等于 5：3），会让人有一种"玉米粉已溶于水中，却无法搅散"的感觉。这种水溶液非常特别，有时像液体一般柔软，有时又像固体一样坚硬，有着"遇强则强，遇弱则弱"的特性，称为"非牛顿流体"。

为什么非牛顿流体的性质会瞬间改变呢？原来，快速加压会让非牛顿流体产生"剪切增稠现象"，也就是玉米粉溶液中的分子，在接受瞬间外力挤压时，会排列整齐，抵抗外力，形成类似固体的性质。但如果施加外力的速度不够，例如慢慢施力或轻轻施力，玉米粉的分子便有足够的时间互相推挤、移动，而不会紧密排列，就跟一般的液体一样，流过来、流过去。

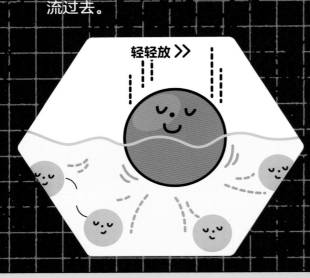

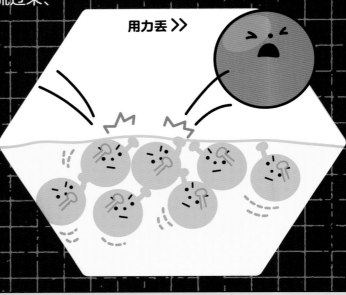

怎么会这样！

惊——

怪兽创意>>

听完非牛顿流体的特性后，聪明的闪光想到了一个新玩法：在生鸡蛋上面涂满用玉米粉做的非牛顿流体，然后将鸡蛋用力砸向地面！结果鸡蛋落地后，玉米粉溶液慢慢从蛋壳上滑落，变成一摊水，而鸡蛋竟然完全没有破呢！

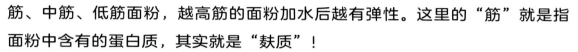

　　玉米粉一买就一大包，除了拿来做又软又硬的水之外，还能做什么呢？用玉米粉做成的蛋糕，就是最近超受欢迎的无麸质蛋糕呢！麸质是小麦里的一种麦胶蛋白，或称麸质蛋白。小麦磨成的面粉，常常分成高筋、中筋、低筋面粉，越高筋的面粉加水后越有弹性。这里的"筋"就是指面粉中含有的蛋白质，其实就是"麸质"！

　　生活中常吃到的面包、蛋糕、面条、馒头等，都是面粉做成的，没想到面粉中的麸质竟然是很多人过敏的罪魁祸首！对麸质过敏的人，吃到麸质，会触发免疫系统，破坏肠道内膜而拉肚子，或出现荨麻疹、异位性皮炎、气喘、过敏性鼻炎等各种恼人的症状。因为面粉太常吃到了，所以出现拉肚子、皮肤过敏时，很难想到其实自己是麸质过敏。

　　最近从欧美开始流行号称健康又抗过敏的"无麸质饮食法"，即用无麸质的淀粉粉类，像玉米粉、黄豆粉、木薯粉、糙米粉等，取代面粉来做料理。超市出现了很多标示"无麸质"的食材，街上也有无麸质烘焙面包店。然而，无麸质饮食法适不适合自己，必须好好评估。高麸质通常富含膳食纤维，对于不是麸质过敏体质的人，适量均衡食用，有助于预防糖尿病等慢性疾病。

GLUTEN FREE

有些面包店会推出无麸质面包，供大家选择。

便利铜线灯

文／李映璇

难易度｜★★

制作时间｜15分钟

实验材料：

铜线灯、USB 延长线、简易双电池座、3 号电池两颗、剪刀、刀片、绝缘胶带。

这一天，水宝开心地宣布："大家看，我的新礼物——铜线灯！"闪光兴奋地拍手："我知道，有些女生搭配这种灯拍照，看起来更美了。"空气鬼立刻上网搜寻照片："哇，这样捧着铜线灯，好像捧着萤火虫哦！"就在大家等不及要"试灯"时，水宝才说出自己的烦恼："可是……我还没有去买移动电源，没办法带去户外拍照耶！"电小子自信满满地说："交给我，我来做一个轻巧便利的充电装置。"

来做一个轻巧便利的充电装置吧！

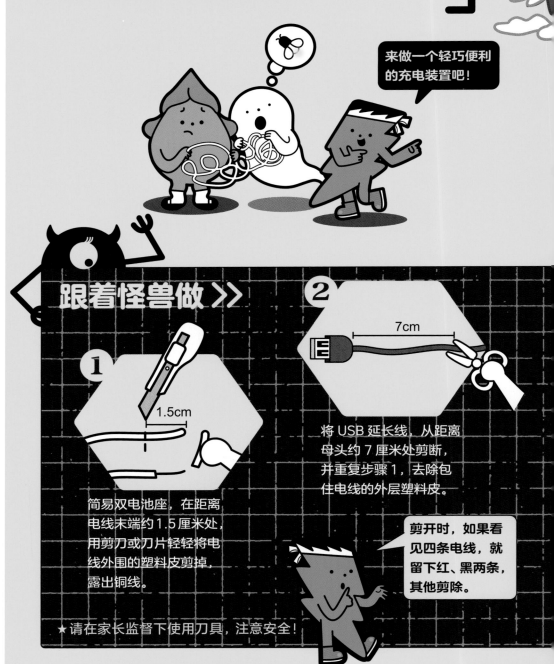

跟着怪兽做 >>

① 1.5cm

简易双电池座，在距离电线末端约 1.5 厘米处，用剪刀或刀片轻轻将电线外围的塑料皮剪掉，露出铜线。

② 7cm

将 USB 延长线，从距离母头约 7 厘米处剪断，并重复步骤 1，去除包住电线的外层塑料皮。

剪开时，如果看见四条电线，就留下红、黑两条，其他剪除。

★请在家长监督下使用刀具，注意安全！

怪兽解密 >>

生活中有许多简易的电气用品，构造并不复杂，只要稍加了解，就能任意改造成自己方便使用的形式哦！现在就来认识铜线灯上相关的零件吧！

我是公头。

我是母头。

USB 传输线

发明于 1995 年，是能让计算机与外接装置、电源等连接，统一界面的重大发明。市面上可见的传输线分两种，一种是只能充电的充电线（2 芯），另一种是能传输数据也能充电的数据线（4 芯）。USB 的接头也可分为公母两头，公头是凸出来的构造，能插进计算机的 USB 接头，而母头则是陷进去的凹槽，通常直接连接插座。

LED 灯

铜线灯闪闪发亮的地方并不是小灯泡，而是被封存在透明胶中的 LED，又称为"发光二极管"。LED 的体积极小、电量少，且亮度很高，因此经常被应用在生活中，像现在很多红绿灯，已经不用传统灯泡，而是将许多 LED 灯拼在一起，制成亮度高又不容易损坏的信号灯。

现在交通信号灯变得好亮，原来是 LED 灯。

怪兽创意 >>

迎接圣诞节，可以利用铜线灯做个独一无二的网红灯笼！

首先，用胶带贴住 L 形文件夹侧面的开口，再垂直拉开底边开口，将上方多余的塑料膜剪掉，最后再装入铜线灯，并用胶带固定就完成了！

发礼物啦！

LED 灯泡

LED 真是划时代的伟大发明啊！过去 100 多年来，人们都是使用白炽灯照明，也就是钨丝灯泡。白炽灯通电后，利用电阻把灯丝加热到白炽而放光，爱迪生找到了物美价廉的钨丝材质，使得白炽灯能普及，照亮了人类的文明生活。

20 世纪 90 年代，比白炽灯使用时间长 50 倍、节省 85% 的用电、更不易发烫又环保的 LED 华丽现身，兴起了照明革命！LED 中文称"发光二极管"，是一种通电后发光的半导体电子组件。一开始只能做出低亮度红色 LED，后来发展出了绿、黄等单色光，一直到 1993 年，很难做到的蓝光 LED 研发出来，凑齐了红、绿、蓝三原色光，就有了明亮节能的 LED 白色光源，也能合成出人们所需的各种色光，大幅提高人类的照明科技水平。发明蓝光 LED 的科学家因此获得了诺贝尔奖。

仔细看看我们生活中有哪些 LED 呢？马路上的交通信号灯、会走路的小绿人、家里的电灯、书桌上的台灯、圣诞树上的灯串……LED 亮度超高，体积又小，可以用十几年，又省电，摸起来也不会烫。问问看，妈妈小时候，书桌的灯是不是很烫人？我们能生在这个时代很幸福吧！

LED 红绿灯

钨丝灯泡

有了 LED，生活越来越便利！

疯狂电流龙卷风

文／易彦廷

难易度｜★★★

制作时间｜30 分钟

实验材料：

电池盒、铜线、白铁线、强力磁铁、饱和食盐水、雪糕棍、塑料盆。

上周末，电小子在怪兽实验室内架设了一台奇怪的装置，他说这个装置只要接上电池，就能让悬吊在水上的铜线，绕着磁铁转圈圈。力大王说他才不相信，因为他仔细观察过这个装置，铜线并没有连接在任何机器上，只要力大王不出手帮忙，铜线根本不可能自己动起来。电小子听了后，神秘地笑了笑，用夸张的动作拿起电线。当电线一接上电池，电小子立刻沿着电线往前冲，没过多久，铜线转个不停，宛如龙卷风。电小子是怎么做到的呢？

不可能啦！

跟着怪兽做 >>

缠绕白铁线，制作出一个粗粗的圆形线圈，线圈大小略小于塑料盆。

①

②
线圈平铺于盆底，从线圈中拉一条导线，连接电池正极（红色电线）。

③
用雪糕棍搭出一个稳固的架子。

在铜线一端绑上一个铜制重物，挂在架子上，让重物垂吊在塑料盆中央，铜线另一端连接电池负极（黑色电线）。

打开电池盒开关，观察铜制重物出现了什么动静。

在塑料盆中倒入饱和食盐水，并将一块强力磁铁放置在塑料盆中央。

食盐水　　　强力磁铁

铜线

在这个实验中，铜线为什么会绕着磁铁不断转动呢？只要了解以下三个现象，就能解开这个装置的秘密！

①任何一块磁铁，不论是大是小，都有S和N两极，而且这两极"同极相斥，异极相吸"，例如：当两块磁铁的S极彼此靠近时，就会互相排斥。

②加了盐的水，导电能力变强。因为盐溶于水后，就会变成许多带电小离子（$NaCl \rightarrow Na^+ + Cl^-$），在水中自由移动；当电流通过时，带负电荷的离子会跑到阳极，带正电荷的离子则会跑到阴极，让盐水快速导电。

我一跑就有磁力耶！

电流

③电流通过金属导线时，会在导线周围产生环绕导线的圆形磁场。通过的电流越大，周围的磁场就越强。

这动能也太惊人啦！

怪兽创意》

用类似的原理还可以做其他有趣的实验唷！首先用铜线绕出跟磁铁大小差不多的线圈（只能绕2～3圈）；接着在电池两端各粘一个金属回形针，并在电池中间吸一块强力磁铁；最后将线圈两端架在回形针上，线圈就会在电池上转个不停啦！

韩斯老师 TALK >>

大家有没有看过很神奇的飘浮盆栽？植物飘浮在空中旋转，360°无死角都能吸收到日光，看起来很神秘。飘浮盆栽背后的原理和悬浮陀螺很类似，都是"磁悬浮技术"——利用磁铁同极相斥的原理，向上的斥力和物体的重力达成平衡，使物体悬浮在空中。飘浮盆栽的设计很精细，底座得有均匀的磁场，通常会使用容易调节、通电就有磁性的电磁铁，四个柱状电磁铁于东西南北平均放置，磁极方向一致，形成均匀的圆形磁场。而飘浮盆栽内装有磁铁，和底座磁极相同，所以会和底座互相排斥抵消重力而浮起，四个方向的电磁铁构成的磁场让盆栽只要稍偏往任何一方就会被排斥推回中央点，从而维持在中央平衡悬浮。由于没有和底座接触，没有摩擦力，所以稍微推动后，盆栽便可以持续自转，且底座内设有传感器去调控电磁铁，使得盆栽能克服空气阻力持续旋转，所以飘浮盆栽需要电力，才能维持飘浮、自转。生活当中有许多磁悬浮的应用，像高速磁悬浮列车也是利用磁铁同极相斥的原理，使列车悬浮于轨道之上，没有摩擦力，只有空气阻力，时速能高达 600 千米，快要接近飞机的时速 800 千米。

磁悬浮的各种应用，让生活充满惊奇！

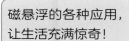

怪兽科学实验室

神力火柴棒

文／李映璇

难易度｜★★★

制作时间｜20 分钟

实验材料：

塑料瓶 3 个、火柴棒、细棉绳、刀片。

怪兽村一年一度的科学机智解密大赛又到了。今年轮到力大王出题，他在广场上放了一个神奇的机关——没有用钉子和黏胶，只用了三根普通的火柴棒，就成功吊挂了超重的水瓶。

闪光惊讶地说："哇，火柴棒竟然有这么大的力量！"电小子感到不可置信："怎么可能做得到？"怪兽们围着机关热烈讨论，纷纷提出各种科学解释，想解开力大王出的谜题，成为年度科学王。

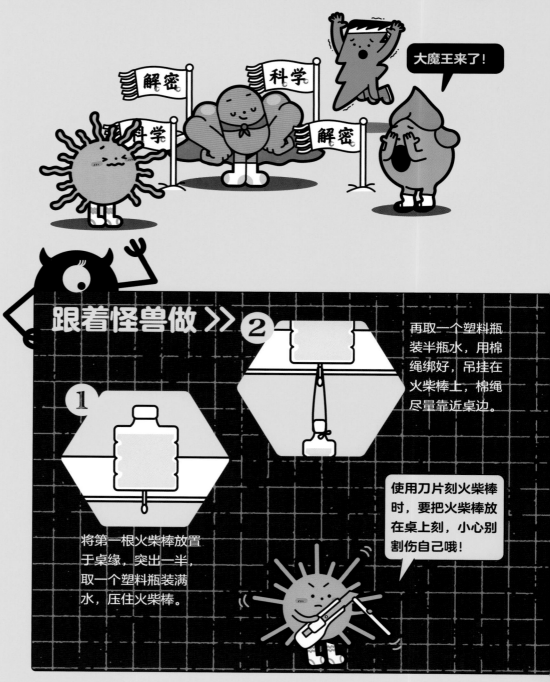

大魔王来了！

跟着怪兽做 ≫ ②

① 将第一根火柴棒放置于桌缘，突出一半，取一个塑料瓶装满水，压住火柴棒。

② 再取一个塑料瓶装半瓶水，用棉绳绑好，吊挂在火柴棒上，棉绳尽量靠近桌边。

使用刀片刻火柴棒时，要把火柴棒放在桌上刻，小心别割伤自己哦！

我力大王怎么会随便出题呢?

哇,没有掉下来耶!

太神奇了!

该不会是障眼法吧!

你觉得是这样吗?

③
取第二根火柴棒,切掉火柴头,并用刀片在两头刻出痕迹后,卡进棉绳圈。

④
将第三根火柴棒的头与第一根火柴棒的头相接,火柴尾卡在第二根火柴棒的正中间。

⑤
轻轻将桌面上压住第一根火柴棒的水瓶垂直拿起。

⑥
再加挂一个水瓶,试试看,最多可以挂几瓶水。

吊绳短一点,才能把火柴棒夹得更紧哟!

在家长监督下使用刀具,注意安全!

怪兽解密 >>

就让我力爷爷来为大家解说吧！

阿基米德有句名言："给我一个支点，我就可以撬动地球。"这句话听起来很夸张，但如果有足够的空间和材料，以杠杆原理制作省力装置，"理论上"是可行的。

为什么利用杠杆，可以制作出超省力的装置呢？在我们的生活中，处处都能见到杠杆，像跷跷板，就是典型的杠杆，中间的支撑点称为"支点"，而坐在两边的人，分别代表相反的两个"作用力"。如果想让跷跷板保持平衡，比较重的人就要坐在离支点较近的地方，而轻的人就要坐在离支点较远的地方，这也被称为"力矩平衡"；而在跷跷板平衡时，轻的人只要再往后坐一点（远离支点），就能省力地撬起较重的人了！

在这次的实验中，虽然火柴棒比水瓶轻了数百倍，但力大王通过精巧的结构设计，让火柴棒距离支点比水瓶远，不但达成省力的目的，还让这三根火柴棒相互支撑，形成了一个支架，达到力的平衡，稳稳撑住了水瓶。

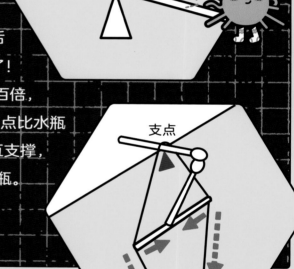

支点

怪兽创意 >>

神力火柴棒还可以让两支叉子平衡浮在半空中哦！将两支同款式的叉子，叉齿交错，再插入一根火柴棒后，试着将火柴棒放在瓶盖上；仔细观察，叉子是不是摇摇晃晃地浮在空中了呢？

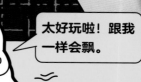

太好玩啦！跟我一样会飘。

韩斯老师 TALK >>

只要懂得掌握物理平衡的诀窍，就可以做出神奇的事情呢！讲到平衡，大家都玩过叠叠乐桌游吗？有一系列的桌游，像平衡叠石、冰山叠企鹅、平衡天使等，都是利用平衡原理设计的桌游！桌游，顾名思义就是"桌上不插电的游戏"的统称。5000年前，古埃及就有桌游出现了。在爷爷奶奶的时代，都是不插电的桌游，如象棋、围棋、纸牌，还有各种游戏纸上玩的桌游，例如大富翁。不过，到了爸爸妈妈的年代，游戏机普及，大家开始迷上电玩、打电动。计算机与网络普及之后，又流行各种在线游戏，使得桌上不插电的娱乐几乎被束之高阁。到了近年，桌游才又渐渐重回大家的怀抱。现代人，即使大家同处一地，但人手一部手机，人与人的联系互动多在云端在线。而通过精心设计又益智、锻炼能力的形形色色的桌游，让家人、朋友、公司同事之间有了有趣的实体互动，像叠叠乐、叠石这些桌游，既简单又能训练手眼协调性、平衡性，提高专注力，锻炼耐心，也能学习接受胜败，训练团队合作，培养默契，与队友彼此搭配，增进人际关系。有空的时候，不如和家人一起通过桌游来培养默契和感情吧！

> 我最喜欢玩训练平衡感的桌游了！

奇幻喷泉

文／李映璇

难易度｜★★★

制作时间｜30分钟

实验材料：

塑料瓶2个、透明水杯、吸管、透明水管、胶带、热熔胶（可用黏土代替）、尖头螺丝、颜料。

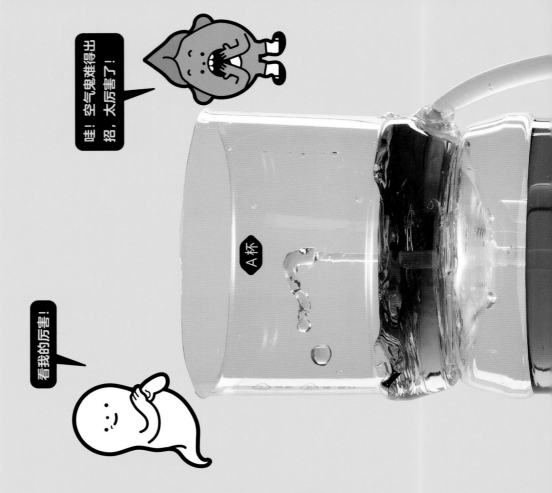

春天即将到来，感情如胶似漆的怪兽们，决定合力打造一个"酷酷怪兽庄园"，让大家能够自在地散步、尽情地跑跳。力大王开心地说："庄园要气派，大门口就一定要有超大喷水池！"精打细算的水宝立刻说道："超大喷水池？那需要装马达，这时却自信满满地宣吧？"平常不说话的空气鬼，很耗电布："别担心，包在我身上！我先做个模型给你们看吧！"只见空气鬼手忙脚乱地接好管线，结果真的用马达，就做出能自动喷出彩水的奇幻喷泉呢！

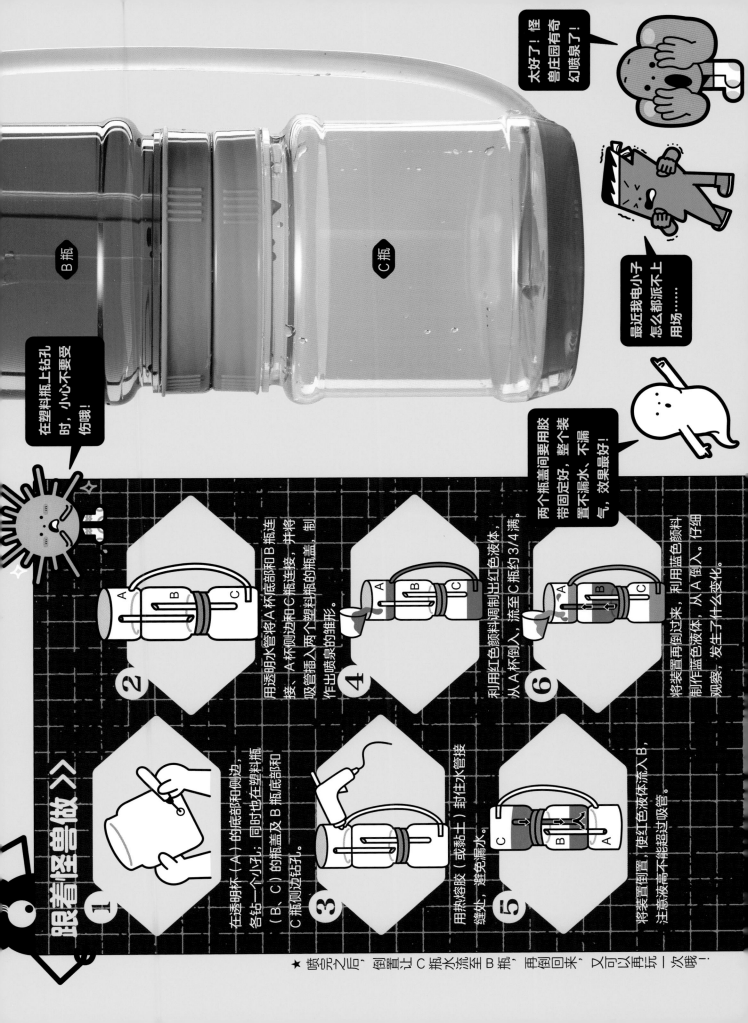

太好了！怪兽庄园有奇幻喷泉了！

最近我电小子怎么都派不上用场……

两个瓶盖间要用胶带固定好，整个装置不漏水、不漏气，效果最好！

在塑料瓶上钻孔时，小心不要受伤哦！

B瓶

C瓶

跟着怪兽做》》

① 在透明杯（A）的底部和侧边，各钻一个小孔；同时也在塑料瓶（B、C）的瓶盖及B瓶底部和C瓶侧边钻孔。

② 用透明水管将A杯底部和B瓶连接，A杯侧边和C瓶连接，并将吸管插入两个塑料瓶的瓶盖，制作出喷泉的雏形。

③ 用挤塑胶（或黏土）封住水管接缝处，避免漏水。

④ 利用红色颜料调制出红色液体，流至C瓶约3/4满。从A杯倒入。

⑤ 将装置倒置，使红色液体流入B瓶，注意液面高不能超过吸管。

⑥ 将装置再倒过来，利用蓝色颜料制作蓝色液体，从A倒入。仔细观察，发生了什么变化。

★喷完之后，倒置让C瓶水流至B瓶，再倒回来，又可以再玩一次哦！

为什么不用马达就能做出喷泉呢？这个实验看似复杂，其实原理很简单，秘诀就是"大气压强"！

首先在 A 杯中倒入红色液体，液体会沿着水管流入 C 瓶；倒置后，液体又会自然地从瓶盖的孔洞流入 B 瓶，不过再次将装置倒立后，由于红色液体的液面低于 B 瓶内的吸管，因此水并不会流回 C 瓶。此时，倒空的 C 瓶内看似空空的，其实满满的都是空气，因此当我们在 A 杯中倒入蓝色液体时，水不只会沿水管流入 C 瓶，还会将 C 瓶的空气挤压、排到 B 瓶中；当空气渐渐充入 B 瓶时，就会产生气压，挤压红色液体，它就会沿着水管喷出来了。

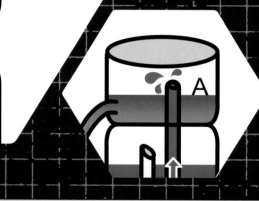

奇幻喷泉还会变色呢，你看，蓝水变紫了！

怪兽创意>>

准备两个杯子，一杯装水一杯不装，想想看，要怎么不碰杯子、也不用勺子，把水移到空杯中呢？你可以拿一根水管，在水管中装满水，按住水管两端，放入两个杯子中，水就会快速流进空杯中喽！

原来用一根水管，就可以让水乾坤大挪移！

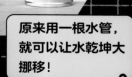

42

来和大家说说证明大气压强存在的大名鼎鼎的马德堡半球实验。

这得从托里拆利真空开始说起。在大约400年前的17世纪（1643年），意大利科学家托里拆利发明了第一个水银气压计来证明大气压强的存在，并且首次制造出真空状态，大大震撼了科学界。在这之前，真空被认为是违反大自然的，是不可能存在的。

马德堡市长格里克，同时也是一位热爱研究的物理学家，得知托里拆利的实验后大受震撼，致力于真空的研究，在1650年发明了世界上第一个真空泵。

当时对一般人而言，难以想象何谓"真空"，对于大气压强的存在也仍半信半疑。神圣罗马帝国皇帝斐迪南三世对科学很有兴趣，喜欢观看神奇有趣的实验演示，于是邀请格里克在皇室与议会成员面前展示，证明大气压强的存在。

1654年，格里克赴雷根斯堡向皇帝展示了他所设计的大型半球实验。他制造了两个直径20英寸（约50厘米）的铜制半球，半球中间夹一层浸满了油的皮革，以便两半球能完全密合。接着格里克用他自制的真空泵将球内的空气抽掉，两个沉重的铜制半球在没有任何黏合剂的情况下竟紧密地结合，令众人十分讶异。格里克为

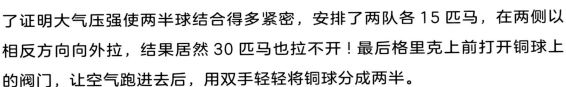

了证明大气压强使两半球结合得多紧密，安排了两队各15匹马，在两侧以相反方向向外拉，结果居然30匹马也拉不开！最后格里克上前打开铜球上的阀门，让空气跑进去后，用双手轻轻将铜球分成两半。

就这样，格里克在大众面前展示了大气压强的存在，让大众见识到大气压强的威力。而后声名大噪的格里克多次在各地重现此实验，此实验也因马德堡市长格里克而被称为马德堡半球实验。

心电感应纸牌

文／李映璇

难易度｜★★

制作时间｜20 分钟

实验材料：

细绳、坠饰数个、纸牌数张。

今天是热闹的联合庆生会，每个怪兽都拿出十八般武艺，轮番表演。闪光准备的是魔术表演，他在墙上贴了一排纸牌，有些翻到正面，有些则翻到背面，接着又拿出一条悬挂着许多坠饰的绳子，说："我施法后，纸牌间就会产生心电感应，并通过坠饰，在这些纸牌中找出自己的同伴！"接着，他便摇晃了一下红心国王面前的坠饰，不一会儿，另一张牌前面的坠饰，竟然也开始前后摇摆；翻开纸牌，果真是国王朝思暮想的"红心皇后"！

魔术即将开始！

跟着怪兽做 》》

①

找出两组"有关系"的纸牌（例如：红心 K 和红心 Q 一组，两张鬼牌一组），将每组牌一张翻开、一张盖上，在墙上贴成一排。

②

在纸牌前方两侧摆两张椅子，将长绳绑在两张椅子上，拉紧。

将绳子拉紧，比较好剪哦！

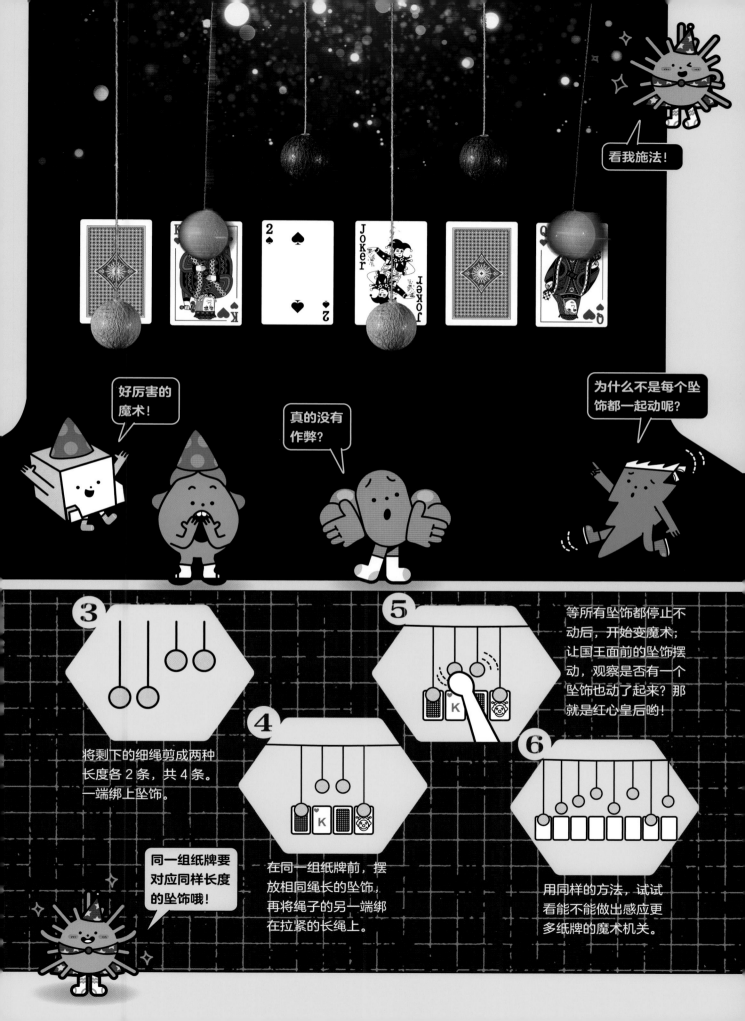

看我施法!

好厉害的魔术!

真的没有作弊?

为什么不是每个坠饰都一起动呢?

③ 将剩下的细绳剪成两种长度各2条,共4条。一端绑上坠饰。

同一组纸牌要对应同样长度的坠饰哦!

④ 在同一组纸牌前,摆放相同绳长的坠饰,再将绳子的另一端绑在拉紧的长绳上。

⑤ 等所有坠饰都停止不动后,开始变魔术;让国王面前的坠饰摆动,观察是否有一个坠饰也动了起来?那就是红心皇后哟!

⑥ 用同样的方法,试试看能不能做出感应更多纸牌的魔术机关。

怪兽解密>>

16 世纪伟大的科学家伽利略，看着比萨大教堂天花板摆动的吊灯，发现了"单摆运动"的原理。

让我们来认识关于单摆运动的知识：

① 摆动周期：指运动完成一个循环所花的时间。

② 摆动频率：摆动周期越长，摆动频率越慢；反之，摆动周期越短，摆动频率越快。

③ 单摆的摆动周期在同一地点只受"摆长"的影响，摆长越长，摆动得越慢，周期也越长

④ 当一个物体振动时，相同摆长的其他物体也跟着一起振动，称为"共振"。

实验中，当红心国王面前的坠饰大幅摆动时，能量借由绳子传递出去，有相同摆长的坠饰会跟着开始摆荡，这就是"共振现象"。在实验中，两组纸牌对应两组不同长度的坠饰，不同长度的坠饰摆动频率不同，所以闪光才能利用这个特性，"变出"心电感应纸牌的魔术。

快　慢

原来魔术的背后是共振原理啊！

怪兽创意>>

表演完纸牌魔术，闪光又施展"念力魔术"！他拿起一根筷子，绑上一长一短的两条细线，宣布："我要用念力让长线越荡越高！"接着，他专心看着长线，并跟着长线的摆动摇头晃脑，结果长线真的越荡越高，短线则渐渐不再摆荡。你也试试看，跟着闪光一起练习念力吧！

长线，动起来吧！

这不是超能力！钟摆运动中，摆长不同，摆动的周期也不一样，只要顺着其中一个钟摆的周期晃动，它就会越荡越高，其他钟摆则会被干扰，渐渐不再晃动。

韩斯老师 TALK >>

大脑

声波

耳蜗

耳蜗不同部位对不同音高产生共振

每个物体随着材质成分组成的不同，都有它特定的固有频率。当一个物体振动时，发出特定频率的波，会引起另一个固有频率相同的物体也跟着一起振动，这就是"共振现象"。在我们的生活周遭还有哪些共振现象呢？

生活中，处处都有共振现象，你注意到了吗？

我们的耳朵能够听到声音，是因为外界的声波传进内耳，不同频率、不同音高的声波，会引起耳蜗不同部位的共振，刺激听觉神经，将信号传递到大脑，使我们感受到声音的高低起伏。

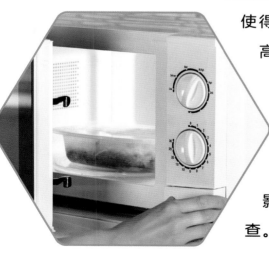

例如尤克里里，在弹奏之前都需要调音准。调音的时候，也可以利用共振原理来调音。因为四弦二格和一弦空弦的音高要相等，当我们拨动四弦二格时，一弦就会共振，表示音准准确。还有妈妈常用微波炉来加热食物，微波炉的微波发出的频率和食物中水分子的振动频率大致相同，使得食物中的水分子共振，能使温度迅速升高，可以加热或烹调食物。在医院看到的核磁共振 MRI，也是利用共振原理的伟大发明。因为人体有 70% 是水，MRI 利用无线电波使人体中的氢原子核共振，收集信号经过计算机处理就能产生 3D 立体影像，不需使用对人体有害的辐射能就能检查。

怪兽科学实验室

变身机器人手臂

文／李映璇

难易度｜★★★★

制作时间｜40 分钟

实验材料：

厚纸板、剪刀、刀片、尺、细绳、弯头吸管、热熔胶。

水宝看到盐哥手上装着怪异的外壳，关心地问："盐哥，你的手受伤了吗？"盐哥不好意思地说："我昨天看了机器战士的电影，觉得机械手臂好酷，就试着给自己装了一个。可惜效果不太好……"力大王听了哈哈大笑，伸出强壮的手臂说："虽然机器人的手臂不像我的这么强壮又灵活，但我可以教你们模仿手掌的构造，用厚纸板做一个酷酷的机器人手臂哟！"

我也想要有机械手臂。

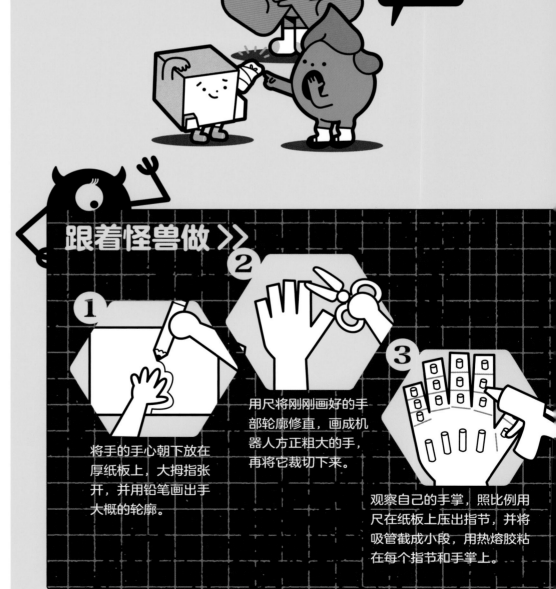

跟着怪兽做 >>

1 将手的手心朝下放在厚纸板上，大拇指张开，并用铅笔画出手大概的轮廓。

2 用尺将刚刚画好的手部轮廓修直，画成机器人方正粗大的手，再将它裁切下来。

3 观察自己的手掌，照比例用尺在纸板上压出指节，并将吸管截成小段，用热熔胶粘在每个指节和手掌上。

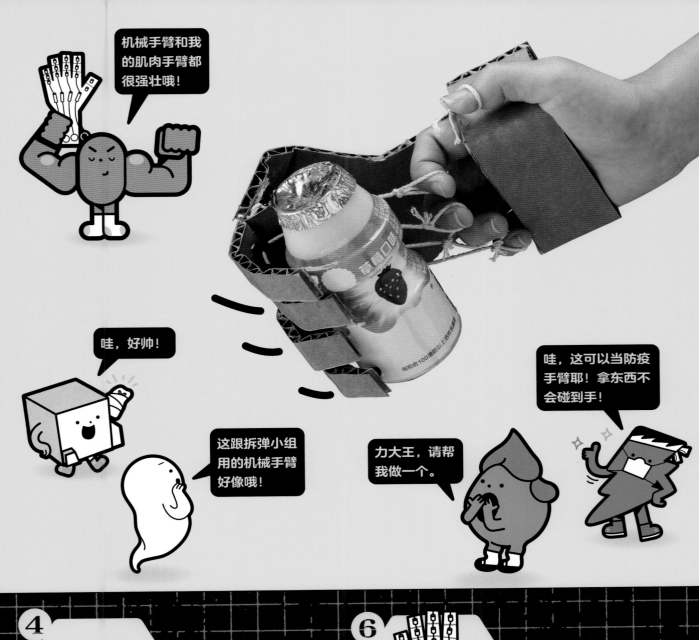

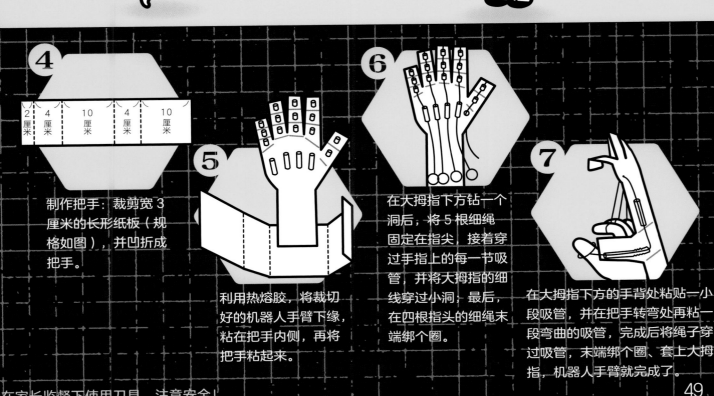

4 制作把手：裁剪宽3厘米的长形纸板（规格如图），并凹折成把手。

2厘米　4厘米　10厘米　4厘米　10厘米

5 利用热熔胶，将裁切好的机器人手臂下缘，粘在把手内侧，再将把手粘起来。

6 在大拇指下方钻一个洞后，将5根细绳固定在指尖，接着穿过手指上的每一节吸管，并将大拇指的细线穿过小洞；最后，在四根指头的细绳末端绑个圈。

7 在大拇指下方的手背处粘贴一小段吸管，并在把手转弯处再粘一段弯曲的吸管，完成后将绳子穿过吸管，末端绑个圈、套上大拇指，机器人手臂就完成了。

在家长监督下使用刀具，注意安全！

如果想做出灵活的机器人手臂，必须先了解人如何用手抓取物品！

	人类的手	机器人的手
结构	骨骼、关节	机械骨架
动力系统	牵动骨骼的肌肉	牵动结构的系统
能源	提供身体活动的能量	电源
动作	由脑指挥肌肉运动	由计算机处理数据下达指令

纸箱 DIY 的机器人手臂，模仿了人类手掌的结构及关节位置，拉绳就像是我们手掌的肌肉。拉紧，就是手心肌肉收缩，因此手指能弯曲；放松，就是手心肌肉放松，手指能伸直。

用拉绳牵引和松紧，能模拟肌肉的牵动；当我们的手施力，便成为动力来源，我们的脑则操控手，做出动作。不过，为什么大拇指的拉绳装置，跟其他四指不同呢？

举起自己的手并握起拳头仔细观察，大拇指施力时，会往横向移动，所以在设计大拇指的拉绳时，也得将绳子从侧面往内拉，模拟大拇指内侧肌肉的收缩。

当我们懂得基本原理，就会更了解现代的机器科技，像医学的达·芬奇手术机器人手臂，能代替人力，并反复做动作；而其他的机器手臂，能帮人们在高温的环境下工作。

好酷哦！原来机器人设计的基本原理，是模仿人体呀！

怪兽创意>>

辛苦制作出机械手臂，当然要让它更有趣！找一些棉花棒，涂上荧光颜料后，粘贴在机械手臂上，模仿一节节的骨头，会发光的骷髅手就完成啦！

这比我的手更酷！

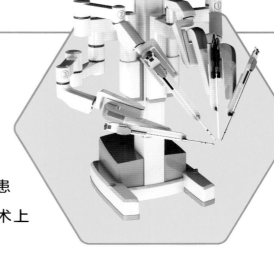

讲到机械手臂不得不想到近年来讨论度极高的达·芬奇微创手术，虽然要价不菲，但手术更精细，病患能更少痛楚、更快复原，是外科手术上重要的发明。

这个微创机器人手臂系统之所以会命名为"达·芬奇"，是因为开发设计的灵感来自文艺复兴时期达·芬奇设计的机器人，且达·芬奇在医学解剖学上有深入的研究与贡献。

原本传统外科手术都要剖开长达数十厘米的切口才能进行手术，流很多的血，伤口很大难复原，容易感染，甚至留下很大的疤痕。后来有了内视镜手术的发明，在患处开一个或数个小洞，使用胸腔镜、腹腔镜等内视镜查看手术部位，用特制器械进行微创手术。

达·芬奇微创手术系统配置人体工学设计的医师控制台、高解析3D立体手术视野，让主刀医师以坐姿远距操作机械手臂执行手术。优点是能减轻长时间手术的疲累，也可消除医师执刀的颤抖，相较于传统腹腔镜手术器械僵直不易进入，人手与腹腔镜器械无法触及的手术困难区域，达·芬奇机械手臂超越了人手操作的精细与稳定。

用达·芬奇手臂做心脏手术，不用将胸骨锯开，只需3~4个微型伤口即可进行手术呢！

真是一项伟大的发明！

怪兽科学实验室

怪兽做笔记

有什么点子吗？
随手记下来吧！

有什么点子吗?
随手记下来吧!

有关作者

/ 李映璇
◆ 从小玩科学的生活科学家，毕业于台湾大学。

/ 易彦廷
◆ 爱动物、爱科学，更爱所有新奇的事物；现任职儿童杂志编辑。

/ 韩斯
◆ 知名科普博主，热爱科普和知识分享，擅长融合生活与教育，认为学习应从有趣的事情出发，边玩边学。

有关绘者

/ 吴佳臻
◆ 常用笔名小比，毕业于广告系，从小就爱有创意的东西，也爱乱画各式各样的图。

怪兽科学实验室2 · 物质物理篇
GUAISHOU KEXUE SHIYANSHI 2 · WUZHI WULI PIAN

桂图登字：20-2024-110

★本书中文繁体字版本由康轩文教事业股份有限公司在中国台湾出版，今授权漓江出版社在中国大陆地区出版其中文简体字版本。该出版权受法律保护，未经书面同意，任何机构与个人不得以任何形式进行复制、转载。

李映璇　易彦廷　韩斯　著
吴佳臻　绘　魏鹏琪　校

出版人：刘迪才
策划编辑：林培秋　　责任编辑：林培秋
内文版式：曾意　　责任监印：黄菲菲

出版发行：漓江出版社有限公司
社　　址：广西桂林市南环路22号　邮　编：541002
发行电话：010-85891290　0773-2582200
邮购热线：0773-2582200
网　　址：www.lijiangbooks.com
微信公众号：lijiangpress

印　　制：北京中科印刷有限公司
开　　本：889 mm × 1194 mm 1/16
印　　张：4　字　数：65千字
版　　次：2024年7月第1版　印　次：2024年7月第1次印刷
书　　号：ISBN 978-7-5407-9825-3
定　　价：66.00元

图书在版编目(CIP)数据

怪兽科学实验室. 2, 物质物理篇 / 李映璇, 易彦廷, 韩斯著；吴佳臻绘. -- 桂林：漓江出版社, 2024.7
ISBN 978-7-5407-9825-3

Ⅰ.①怪… Ⅱ.①李… ②易… ③韩… ④吴… Ⅲ.①物理学－实验－少儿读物 Ⅳ.①N33-49

中国国家版本馆CIP数据核字(2024)第098628号